NOTICE

DES

VASES ÉTRUSQUES

Faisant partie du cabinet de M. DE MAGNANCOURT,

[QUI SERONT VENDUS APRÈS SA COLLECTION DE MÉDAILLES,

RUE DE CHOISEUL, 5,

LE 22 MARS 1841 ET JOURS SUIVANS,

A MIDI,

Par le ministère de Mᵉ BATAILLARD, Commissaire-Priseur, rue de Choiseul, 5,

Et Mᵉ GRANDIDIER, Commissaire-Priseur à Paris, rue de Cléry, 8;

Assisté de M. ALPHONSE LHÉRIE,

Expert en objets d'antiquités, cité Bergère, 6.

———◆———

Les Objets à vendre dans la journée seront exposés depuis onze heures du matin.

La Notice se distribue chez les sus-nommés.

Les Médailles sont l'objet d'un catalogue séparé.

Les Vases devant être vendus après les Médailles, la vente n'en aura lieu que vers la fin de mars 1841.

Tous les Objets décrits dans cette Notice sont de la plus grande beauté, et proviennent de collections célèbres; plusieurs ont été l'objet de dissertations savantes.

Ils ont été, avec plusieurs autres Vases étrusques, décrits dans un catalogue très remarquable fait par M. de Wite, membre de l'Institut archéologique de Rome, publié l'année dernière.

Ils formaient les numéros 3-8-9-20-21-24-34-40-45-49-59-62-85-95-101-103-117-122 de ce catalogue.

Le temps a malheureusement manqué pour réimprimer les observations remarquables faites sur ces objets; nous nous sommes donc bornés à en faire un extrait très succinct.

Nous recommandons aux amateurs les numéros 3-12-15-16.

Le numéro 12 surtout est digne de toute l'attention des savans et des artistes.

NOTICE.

 UNE COUPE.

Extérieur.—La toilette de *Vénus.* La déesse est assise au centre sur un trône vu de face, et tourne la tête à droite. Sous ses pieds est un *hypopodium* supporté par des griffes de lion. De chaque côté sont deux *Heures* ou *Grâces;* l'une tient un miroir, l'autre n'a pas d'attribut.

Revers.—*Nymphes Méliades.* Au centre est un grand arbre, autour duquel sont trois nymphes, une à droite et deux à gauche. La première porte une corbeille et s'éloigne de ses compagnes en se retournant vers l'arbre, près duquel est placée une seconde *Méliade,* qui cueille des pommes et tient aussi une corbeille pour y déposer les fruits. Une troisième, à droite de l'arbre, étend des deux mains un pan de sa tunique, pour recevoir les fruits qui tombent. Les deux dernières sont placées en regard l'une de l'autre.

Intérieur.—*Cyrène* ou *Ergané*, assise sur un siége, tient un fil; devant elle, une nymphe *Méliade*, debout, lui apporte une corbeille.

Diamètre, 12 pouces.

2   UNE COUPE.

Extérieur. — Sous une treille de vigne, à laquelle pendent des grappes de raisin, sont quatre groupes d'un homme et d'une femme entièrement nus, et dans les poses les plus obscènes.

Revers.—Quatre groupes également obscènes. Toutes les poses sont variées.

Intérieur.—Le *Gorgonium* de face.

Diamètre, 8 pouces 3 lignes.

3   UNE COUPE.

Extérieur.—Dessins au trait sur fond blanc, et peintures brunes et violettes à l'intérieur et rouges sur fond noir à l'extérieur.

Intérieur. — La toilette d'*Anesidora*. *Athéné* et *Héphestus*, sont occupés à rattacher la stéphané d'*Anésidora* (1).

Extérieur. — Deux éphèbes auprès d'un cheval. L'un, vêtu de la chlæna, le pétase rejeté derrière le dos, s'appuie sur un cheval qu'il tient par la bride. L'autre est vêtu de la chlæna, et tient un bâton en forme de béquille. Derrière le cheval, à droite, est un groupe composé de deux personnages. Un vieillard à cheveux blancs, s'appuie sur un bâton en forme de béquille ; un ample manteau enveloppe son corps. Devant lui est une femme (*Léda*) vêtue d'une tunique talaire et d'un péplus.

Revers. — Ici est représenté le retour du *Dioscure* qui a monté le cheval *Cyllarus*. Il est reçu par ses parens. L'éphèbe, armé du javelot, va mener le cheval à l'écurie. Son frère , placé à droite, tient un bâton en forme de béquille. A côté du cheval est une femme vêtue d'une tunique talaire et d'un péplus. Dans sa main droite est une fleur qu'elle présente à

(1) M. Panoska, dans un Mémoire lu à l'Académie royale de Berlin, a reconnu dans ce sujet la naissance de Pandore. Ce savant croit que cette composition est la même que celle qui décorait le piédestal de l'athénée Parthénos de Phidias.

un homme barbu, placé à gauche en arrière du cheval.

Cette coupe est de la plus grande rareté; elle fut découverte à Nola, en 1828.

Diamètre, 11 pouces 5 lignes.

4   UNE COUPE.

Extérieur. — *Bacchus* va monter dans un quadrige à droite. Le dieu est barbu, couronné de lierre et revêtu d'une tunique talaire et d'un ample manteau. De la main droite il tient les rênes et le fouet; et de la gauche, le canthare et une branche de lierre. A côté des chevaux sont un *satyre* et une *ménade* qui s'avancent vers le dieu. Devant les chevaux est un second *satyre* barbu et couronné de lierre; enfin, un troisième *satyre* est placé en arrière du quadrige; une *ménade* peinte au revers de ce tableau.

Revers. — *Ariadne* monte sur un quadrige à droite. A côté des chevaux marchent une *ménade* et un *satyre*. En avant des chevaux est une seconde *ménade*, qui se retourne vers le *satyre* placé derrière le char de *Bacchus*. Un second *satyre* lyricie marche derrière le quadrige d'*Ariadne*.

Intérieur. — Un *satyre* barbu et couronné de lierre veut embrasser une *ménade*.

Diamètre, 12 pouces.

5 UN VASE AVEC COUVERCLE RAPPORTÉ.

(Espèce de Kélébé.)

Au centre est assis *Dyonisus* barbu ; le dieu présente à boire, dans son canthare, à *Comus*, qui est figuré ici comme un satyre enfant, entièrement nu. *Ariadne* tient l'œnochœ de la main droite et verse du vin dans le canthare. En arrière de *Bacchus* est *la Tragédie* ; sur sa main gauche repose un lapin, que la déesse regarde ; dans sa main droite est un thyrse.

Revers. — Un *satyre* barbu qui poursuit une *bacchante*.

Le couvercle rapporté est de fabrique apulienne. Il est couronné d'un bouton enrichi de feuillages. Autour de ce bouton sont peints sur le couvercle un griffon en face d'une panthère et un lion opposé à un sphinx.

Haut., 10 poucés, sans le couvercle.

6   UNE COUPE.

La ménade *Evopé*, revêtue d'une tunique talaire, tient par la queue un mulet ithyphallique ; dans sa main droite est une baguette pour aiguillonner l'animal. Un *satyre* barbu, couronné de lierre et jouant de la double flûte, est placé devant le mulet.

Revers.—Les trois *Grâces*, sous la forme de trois *ménades*, qui dansent et jouent des crotales.

Intérieur. — *Ganimèdes*, entièrement nu et couronné de pampres.

Diamètre, 12 pouces 2 lignes.

7   **UNE COUPE.**

Extérieur. — *Hercule* et les *Centaures*. Le héros est barbu, couvert de la peau de lion, et armé d'un carquois suspendu à son côté. De la main droite, il tient l'épée, et de la gauche un arc. Deux *Centaures* s'enfuient à droite et à gauche.

Revers. — *Bacchus*, assis à terre, et appuyé contre un coussin entre deux *satyres*.

Intérieur. — Une femme nue dans une pose obscène, la tête enveloppée d'une coiffe, et les pieds chaussés de souliers, tient de chaque main un phallus.

Diamètre, 11 pouces 10 lignes.

8   **UNE AMPHORE.**

Lutte d'*Hercule* et de *Nérée*. *Hercule*, barbu et coiffé de la peau de lion, est à cheval sur le dieu marin et le tient étroitement embrassé.

Nérée est figuré avec une longue queue de poisson à grandes écailles.

Revers.—*Bacchus* barbu, couronné de lierre et vêtu d'un ample manteau qui recouvre une tunique talaire, tient le canthare. De chaque côté un *satyre*.

Haut., 13 pouces 7 lignes.

9   UN HYDRIE.

Hercule amené par *Hermès* à *Athéné*. Le héros est assis sur un cube ; il est barbu et coiffé de la peau de lion. Dans sa main droite est la massue, et la gauche levée, il semble adresser la parole à *Minerve*. Au centre est *Mercure* debout ; il fait le même geste que fait *Hercule*. Le dieu est barbu et coiffé d'un casque ; dans sa main droite est le caducée. *Minerve* est assise sur un cube, en face d'*Hercule*, à l'autre extrémité de la scène. La déesse étend la main droite vers le héros.

Frise supérieure.—*Hercule*, entièrement nu et imberbe, étouffe entre ses bras le lion de Némée. En arrière du fils d'Alcmène est *Minerve*, assise sur un cube.

Haut., 14 pouces 6 lignes.

10   UN VASE.

Hercule et *Bacchus*. Le héros est barbu, coiffé de la peau de lion ; *Bacchus* est barbu et couronné de lierre. Dans la main droite il tient le canthare, et de la gauche une branche de lierre. Six *satyres* accroupis et dans des poses obscènes, entourent ce groupe. Entre *Bacchus* et *Hercule* est un canthare également peint en noir.

Haut., 12 pouces.

11   UN AMPHORE.

Le combat d'*Achille* et de *Memnon*, en présence de leurs mères. Des flots de sang jaillissent de la cuisse gauche du fils de l'Aurore qu'*Achille* vient de percer de sa lance. Aux pieds des combattans gît *Antiloque*; sa tête est tout ensanglantée. Le héros est couvert de son armure et tient encore son épée. Les deux déesses, *Thetis* et l'*Aurore*, se tiennent chacune près des combattans.

Revers. — Un jeune hoplite, monté sur un cheval blanc, mène en laisse un cheval noir. Sur son bouclier argien est peinte la partie antérieure d'un sanglier. Un éphèbe debout et nu se tient devant le cavalier, et lève la main gauche. En arrière des chevaux vole un oiseau de proie qui porte dans son bec un serpent. Dans le champ deux fleurs de l'espèce de l'aster.

Haut., 12 pouces 4 lignes.

UN CRATÈRE.

12

Ethra, ramenée de sa captivité à Troie par ses deux petits-fils, *Acamas* et *Démophon*. La mère de Thésée est représentée comme une femme âgée, avec une figure ridée et avec des cheveux à moitié blanchis; elle s'appuie sur un bâton. *Demophon* tient *Ethra* par la main gauche et retourne la tête vers elle. Le héros est barbu et armé de toutes pièces; les génias-tères de son casque sont relevées. Un Cen-taure, armé d'une branche d'arbre et peint en noir sur fond rouge, décore son grand bou-clier argien. Une chlamyde recouvre sa cui-rasse à écailles. En arrière d'*Ethra* marche *Acamas* qui détourne la tête à gauche en de-hors de la composition, comme pour s'assu-rer que les ennemis ne viennent pas inquiéter sa retraite. Son armure est semblable à celle de son frère, si ce n'est que son casque est l'*au-lopis;* un pégase peint en rouge sur fond noir est, l'emblême de son grand bouclier ar-gien.

Revers. — La dispute du trépied. *Hercule* barbu et entièrement nu a saisi le trépied sa-cré, et menace *Apollon* de sa massue, en levant le bras droit. Le Dieu de Delphes a des for-mes juvéniles; il est entièrement nu et cou-ronné de laurier. Une biche l'accompagne;

de la main droite il saisit la massue d'*Hercule*, et de la gauche il s'efforce de retenir le trépied. Vers la partie supérieure, le trépied est enrichi de divers ornemens; aux extrémités inférieures sont des griffes de lion.

Ce magnifique vase, le plus remarquable de cette collection, est du même style que le célèbre vase du *Crésus*, aujourd'hui au Musée du Louvre. Le tableau du retour d'*Ethra* a une grande analogie avec celui de l'enlèvement d'Antiope, peint au revers du Crésus.

Haut., 15 pouces.

13   UN LÉCYTUS.

Grande Grèce. — Une femme assise sur un siége à dossier; elle est revêtue d'une tunique talaire et d'un péplus; elle tient un lécythus et une pyxis ouverte. En arrière d'elle est suspendue une bandelette.

Haut., 11 pouces 6 lignes.

14   UN AMPHORE.

Ce vase très fin et décoré d'une guirlande de fleurs peintes en jaune sur fond noir, et rehaussée de violet dans quelques endroits. Les ornemens sont tracés avec la plus grande délicatesse.

Haut., 5 pouces 5 lignes.

15   UN RHYTON.

Un crocodille qui dévore un, *Ethiopien*. Le crocodille est enduit d'une couleur jaunâtre, rehaussée de blanc dans plusieurs endroits. La forme de l'animal est peu conforme à la nature, surtout si l'on considère ses grands yeux et sa queue recourbée qui forme l'anse. L'*Ethiopien* est noir.

Sur le col on voit un hoplite; son bouclier argien a pour emblème une panthère peinte en noir. Devant l'hoplite est *Niké* vêtue d'une tunique talaire et d'un péplus, et pourvue de grandes ailes. La déesse présente une phiale à l'hoplite.

Revers. — Deux éphèbes drapés.

Haut., 9 pouces 7 lignes.

16   UN RHYTON.

Tête de porc peinte en noir.

Sur le col, près de l'anse, on voit le combat de deux *Pygmées* contre deux *grues*. Dans le premier groupe à gauche, le *Pygmée* se défend avec sa massue contre l'oiseau qui l'attaque; dans le second, la *grue* est renversée, et le *Pygmée* s'apprête à l'achever à coups de massue.

Haut., 8 pouces 7 lignes.

17   **UNE COUPE.**

Terre noire, fabrique étrusque. — Trois femmes s'avancent vers trois autres qui se tiennent par la main. Des trois premières celle qui vient la dernière porte des offrandes : auprès d'elle est une grue. Cinq doryphores suivent les femmes du second groupe.

Ce sujet se reproduit six fois autour de la panse. Au-dessous sont des ornemens.

Haut., 5 pouces 3 lignes.

18   **VERRE BLEU.**

Imprimerie de Madame DE LACOMBE, rue d'Enghien, 12.